BEI GRIN MACHT SICH IHR WISSEN BEZAHLT

- Wir veröffentlichen Ihre Hausarbeit, Bachelor- und Masterarbeit
- Ihr eigenes eBook und Buch - weltweit in allen wichtigen Shops
- Verdienen Sie an jedem Verkauf

Jetzt bei www.GRIN.com hochladen und kostenlos publizieren

Bibliografische Information der Deutschen Nationalbibliothek:

Die Deutsche Bibliothek verzeichnet diese Publikation in der Deutschen Nationalbibliografie; detaillierte bibliografische Daten sind im Internet über http://dnb.d-nb.de/ abrufbar.

Dieses Werk sowie alle darin enthaltenen einzelnen Beiträge und Abbildungen sind urheberrechtlich geschützt. Jede Verwertung, die nicht ausdrücklich vom Urheberrechtsschutz zugelassen ist, bedarf der vorherigen Zustimmung des Verlages. Das gilt insbesondere für Vervielfältigungen, Bearbeitungen, Übersetzungen, Mikroverfilmungen, Auswertungen durch Datenbanken und für die Einspeicherung und Verarbeitung in elektronische Systeme. Alle Rechte, auch die des auszugsweisen Nachdrucks, der fotomechanischen Wiedergabe (einschließlich Mikrokopie) sowie der Auswertung durch Datenbanken oder ähnliche Einrichtungen, vorbehalten.

Impressum:

Copyright © 2018 GRIN Verlag
Druck und Bindung: Books on Demand GmbH, Norderstedt Germany
ISBN: 9783668725225

Dieses Buch bei GRIN:

https://www.grin.com/document/429331

Michael Dienst

Fesselflugaggregat mit Rotationsflügel

Transactions in Suffering Innovations T23 SI796

GRIN Verlag

GRIN - Your knowledge has value

Der GRIN Verlag publiziert seit 1998 wissenschaftliche Arbeiten von Studenten, Hochschullehrern und anderen Akademikern als eBook und gedrucktes Buch. Die Verlagswebsite www.grin.com ist die ideale Plattform zur Veröffentlichung von Hausarbeiten, Abschlussarbeiten, wissenschaftlichen Aufsätzen, Dissertationen und Fachbüchern.

Besuchen Sie uns im Internet:

http://www.grin.com/

http://www.facebook.com/grincom

http://www.twitter.com/grin_com

„Transactions in suffering Innovations"

Ideen verbrennen im Park

Der Wedding ist heute wunderschön
und ich fühl` mich seltsam stark.
Was hält mich da noch im Labor?
Wir gehen zum Led Zeppelin,
der gefällt mir mehr als je zuvor,
bei ungefähr tausend Kelvin.
Komm, lass uns Patente verbrennen im Park.

Mi. Berlin 2016

Den Ausführungen sei ein Traktat vorangestellt. Die Textbeiträge zum Stand der Technik und den „Transactions in Suffering Innovations" besitzen ein dynamisches Format und sind, beginnend im November 2016, in folgender Weise geordnet und überschrieben:

Titel:	Artefakt
Untertitel:	Transactions in Suffering Innovations T[NUMMER]SI[Mi-KENNUNG]
Datum:	Freigabe
Prolog	[Kontext]
Kerntext	[Technische Beschreibung]
Epilog	[Hintergründe und Dialoge]

Traktat

über die Beiträge zum Stand der Technik und zu den „Transactions in Suffering Innovations"

Die „Transactions in Suffering Innovations" bilden eine Sammlung von Schriften über Artefakte im Themenfeld Biologie & Technik, die in loser Reihenfolge erscheint. Es besteht durchaus die Absicht, den Stand der Technik zu verändern.

Gegenstand der Beiträge zu den Schriften der „Transactions in Suffering Innovations" sind Artefakte, Problemlösungen, Gestaltungsfragen und die kritische Auseinandersetzung mit Themen der Bionik, also Technik nach Vorbildern aus der belebten und unbelebten Natur und ihre Umsetzung. In ausgesuchten Fällen sind Technische Beschreibungen nach Standards des Deutschen Patent und Markenrechts[1] verfasst.

Mit den „Transactions in Suffering Innovations" soll der Fortschritt auf dem Gebiet der angewandten Bionik dadurch gefördert werden, dass die dargestellten notleidenden Artefakte, Problem- und Gestaltungslösungen frei von Rechten Dritter sind und mit ausdrücklicher Genehmigung dem Leser zur Nutzung verfügbar werden.

In den „Transactions in Suffering Innovations" werden ausschließlich Artefakte offeriert, die nicht unter das Arbeitnehmererfindungsgesetzes ArbErfG[2] fallen oder in der Vergangenheit fielen.

Die in den „Transactions in Suffering Innovations" dargestellten Artefakte sind insofern notleidend, da sie einerseits aus materieller Not nicht weiterverfolgt werden, ein Umstand der sich vielleicht wieder ändern mag. Andererseits sind die dargestellten Artefakte notleidend, weil sie möglicherweise auftretender oder voranschreitenden geistigen Umnachtung zum Opfer zu fallen drohen; ein Umstand der sich wohl nicht mehr ändern wird.

Als Übergeordneter Absicht gilt es solche Forschung anzustoßen, die Lösungswege der Übertragung biologischer Phänomene untersucht und Fragestellungen betrifft, die im Zusammenhang stehen mit Natur und Technik.

Die Beiträge zum Stand der Technik und den „Transactions in Suffering Innovations" sind in deutscher Sprache verfasst. Dem Text wird gegebenenfalls eine teilweise oder vollständige Übersetzung in englischer Sprache beigestellt. In einer Ausgabe der Schriftensammlung wird jeweils nur ein Werk platziert. Den Ausführungen wird gegebenenfalls ein Prolog vor und ein Epilog nachgestellt.

Mi. Dienst

---

[1] https://www.dpma.de/patent/anmeldung/index.html
[2] Am 7. Februar 2002 trat die Novellierung des Arbeitnehmererfindungsgesetzes ArbErfG in Kraft.

Titel: Fesselflugaggregat mit Rotationsflügel

Untertitel: Transactions in Suffering Innovations T23 SI796
11. Juni 2018

Technische Beschreibung

Fesselflugaggregat mit Rotationsflügel

Die Erfindung betrifft ein Fesselflugaggregat mit Rotationsflügel. Der Rotationsflügel ist zweiarmig und seine Arbeitstragflächen sind in einer so genannten „Box-Wing-Konfiguration" ausgeführt. Im Betrieb und durch geeignete Anströmung gerät der Rotationsflügel zwangsläufig in Eigenrotation (Autogyroprinzip) und produziert eine Auftriebskraft, die senkrecht auf der Rotationsebene steht. Das Fesselflugaggregat mit Rotationsflügel (Boxwing-Repeller) entspricht in seiner Betriebsweise einem Flugdrachen (im engl. „Kite") vom Stand der Technik und wird mit Steuerleinen vom Boden aus gelenkt.

Das Fesselflugaggregat mit Rotationsflügel ist fluiddynamisch als Arbeitsflugdrachen betreibbar und die vom Flugaggregat erzeugte (Auftriebs-) Querkraft kann zum Zwecke der Fortbewegung des genutzt werden. Generell ist das Fesselflugaggregat mit Rotationsflügel geeignet, im Zusammenwirken mit einer elektronischen Steuerung vom Stand der Technik, autonom in der bodennahen Luftschicht zu agieren und die dort beispielsweise über der Wasseroberfläche herrschenden Scherwinde, zur Querkrafterzeugung zu nutzen. Die Steuerung von Fesselflugaggregat mit Rotationsflügel ist nicht Gegenstand der Erfindung.

Stand der Technik. Box-Wing
Von einem Tragflügel in Box-Wing-Konfiguration (englisch: box wing oder box-wing bzw. joint wing) spricht man, wenn die Randbögen zweier Tragflügel in zwei benachbarten Tragflächenebenen, (vertikal) miteinander verbunden sind. Als Flugsystem ergibt sich ein stabiles Flugverhalten und ein vorteilhaftes Auftriebsgebaren bei hoher Kompaktheit. Die Konstruktion ist sehr robust. Rotationssysteme in Box-Wing-Konfiguration (Boxprop, joined-blad propeller) für Arbeitsmaschinen (Propeller) sind meist „schlaufenförmiger" Gestalt und Stand der Technik.

Stand der Technik. Autogyro-Prinzip.
Das Fesselflugaggregat mit Rotationsflügel nutzt das physikalisch-fluiddynamische Funktions-prinzip der Tragschrauber vom Stand der Technik. Tragschrauber sind interessant für Anwendungen mit geringen Geschwindigkeiten. Tragschrauber, auch Autogyro, Gyrokopter oder Gyrocopter genannt, sind Drehflügler, die in ihrer Funktionsweise einem Hubschrauber ähneln. Der Rotor wird passiv durch den Fahrtwind in Drehung versetzt (Autorotation). Der Auftrieb in Fahrt ergibt sich dabei durch den Widerstand des sich drehenden Rotorblatts. Bei Gyrokoptern von Stand der Technik erfolgt der Vortrieb wie beim Starrflügelflugzeug, meist durch ein Propellertriebwerk.

Als Erfinder des Tragschraubers gilt der Spanier Juan de la Cierva, der seinen Autogiro als geschützten Markennamen im Jahr 1923 bekannt machte. Autorotation entsteht, wenn das Rotorblatt im inneren Bereich der Rotorebene einen hohen Anstellwinkel hat derart, dass eine das Blatt beschleunigende Kraft resultiert. Im äußeren Durchmesser hingegen bremst die Resultierende das Blatt. Beschleunigende und Resultierende sind im stationären Flug im Gleichgewicht. Variiert (erhöht) man den Anstellwinkel der Rotorebene, verschiebt sich die Grenze zwischen beschleunigendem und abbremsendem Bereich nach außen und damit zugunsten der Beschleunigung und der Rotor erhöht seine Drehzahl. Der (orthonormal auf der Rotorebene wirksame) vertikale Überschuss wird als Hub nutzbar (Tragschrauber), bzw. im Fall des Flugaggregats mit Rotationsflügeln wird die dieserart senkrecht auf der Rotationsebene stehende Querkraft als Vortrieb nutzbar.

Stand der Technik. Arbeitsflugdrachen.
Das Fesselflugaggregat mit Rotationsflügel ist in der Weise eines Arbeitsflugdrachens nutzbar. Das Funktionsprinzip, Seefahrzeuge von Flugdrachen ziehen zu lassen, war bereits zur Zeit des legendären chinesischen Seefahrers Cheng Ho (Zhèng Hé *1371 in Kunming / Provinz Yunnan; † 1433) als Vortriebsmethode bekannt. Moderne Arbeitsflugdrachen vom Stand der Technik greifen das Funktionsprinzip des asiatischen Zugdrachens auf und kombinieren es mit einem dynamischen Flugstil moderner Lenkdrachen aus dem Spiel-, Freizeit- und Sportbereich. Die Tragfläche von Arbeitsflugdrachen vom Stand der Technik ist in der Regel nach der Art eines Gleitschirms konstruiert und aus hochfesten und witterungsbeständigen Textilien gefertigt. Arbeitsflugdrachen erzielen ihre Zugkraft (gestalterisch) durch die Tragflächenform und (betriebstechnisch) durch eine Flugbahn in großen Achten. Durch den dynamischen Flug entstehen hohe Anströmgeschwindigkeiten und hohe wirksame Querkräfte (Vortriebskräfte) am Tragflügel. Durch den Flugstil in Achten erzeugt der Drachen einen bis zu dreimal größeren Vortrieb als ein herkömmliches Schiffssegel in vergleichbarer Größe. Die Zugkräfte werden über ein Zugseil zum Schiff übertragen. Arbeitsflugdrachen vom Stand der Technik werden mit einem vollautomatischen Steuerungssystem betrieben, das mit dem Autopiloten eines Flugzeugs vergleichbar ist. Für Arbeitsflugdrachen vom Stand der Technik beträgt verfahrensbedingt die optimale Betriebshöhe zwischen 100 und 300 Metern.

Stand der Wissenschaft. Windscherung und Vogelflug.
Die Geschwindigkeit der Luftströmung über einer ebenen Land- oder einer Wasseroberfläche besitzt einen Gradienten. Dieses Windscherung (vertikale Windzunahme an der Meeresoberfläche) genannte Strömungsphänomen ist in einer Schicht bis etwa 30 Meter über der (Wasser-) Oberfläche wirksam. Wandernde Seevögel nutzen die Windscherung um aus der Strömung Energie zu entkoppeln und dieserart stundenlang ohne Flügelschlag zu fliegen. Albatrosse beispielsweise legen mit einem „Gradientenflug" genannten Flugstil hunderte von Kilometer zurück. Beim Gradientenflug ist die mittlere Anströmgeschwindig-keit des (biologischen) Flugsystems etwa konstant: nahe des Bodens, hier ist die Strömungsgeschwindigkeit der Luft gering, ist die Bewegungsgeschwindigkeit des Vogels groß

und damit seine kinetische Energie hoch. In der für diesen Flugstil maximalen Höhe, ist die Bewegungsgeschwindigkeit des Vogels eher gering, die Strömungsgeschwindigkeit der Luft aber maximal; die potentielle Energie des Systems ist hoch. Ein nun ansetzender Sinkflug arbeitet dieses Energiepotential ab und setzt es in Flugstrecke um. Die Bewegungs-geschwindigkeit des Vogels steigt bist zum Scheitelpunkt, nahe der Wasseroberfläche wieder an, und der Zyklus beginnt von vorn. Auf diese Weise legt das Tier große Distanzen ohne einen Flügelschlag zurück. Der biologische Gradientenflug und seine Nutzung durch artifizielle Fluggeräte und Flugaggregate ist Gegenstand rezenter Forschung.

Stand der Wissenschaft und Technik. Kitesurfen und Arbeitsflugdrachen
Kitesurfen, auch Lenkdrachensegeln, ist ein Wassersport, der aus dem Kitesailing entstanden ist. Beim Kitesurfen steht der Sportler auf einem Board, das Ähnlichkeit mit einem kleinen Surfbrett aufweist. In den 1820er-Jahren experimentierte der englische Lehrer George Pocock mit großen Lenkdrachen, um damit Kutschen und kleine Boote anzutreiben. Zum Steuern verwendete er ein 4-Leinen-System, welches dem heutzutage beim Kitesurfen verwendeten sehr nahekam. Sowohl die Kutschen als auch die Schiffe konnten damit nach Lee fahren, dazu parallel und kleine Sprünge absolvieren. Sein Konzept konnte sich aber nicht durchsetzen, so dass es bis Ende des Jahrhunderts fast komplett in Vergessenheit geriet. 1903 entwickelte der Luftfahrtpionier Samuel Franklin Cody den Man-lifting Kite, verband diesen mit einem kleinen Segelboot und überquerte damit den Ärmelkanal.
Die Kitesurf-Ausrüstung vom Stand der Technik besteht in erster Linie aus drei Teilen: eine stabförmige Steuereinrichtung (Bar), die Steuerungsleinen und der Kite selbst. Kites gibt es in unterschiedlichen Ausführungen. Mittels der Leinen kann der Lenkdrachen so gesteuert werden, dass die auf den Sportler ausgeübten Kräfte in Richtung und Stärke variieren. Der Kitesurfer regelt seinen Kurs und seine Geschwindigkeit über die Steuerung des Schirms und des Brettes. Die Kurse zum Wind müssen ähnlich wie beim Segeln gewählt werden.

Problembeschreibung
Arbeitsflugdrachen vom Stand der Technik sind in der Regel nach der Art eines Gleitschirms konstruiert aus Textilien gefertigt. Der Flugdrachen ist deshalb leicht. Die fluiddynamischen Eigenschaften derart aus Textilien gefertigter Flugdrachen liegen aber deutlich unter denen rigider Tragflügelsysteme. Bei gleicher Fläche des Tragflügelsystems leistet ein rigider Tragflügel die doppelte Schubkraft.
Fesselflugaggregate mit Rotationsflügel mit Rotations-flügel in „Box-Wing-Konfiguration" ausgeführt, die durch geeignete Anströmung der Rotationsflügel zwangsläufig in Eigenrotation (Autogyroprinzip) geraten, sind nicht Stand der Technik.

Problemlösung
Die Leistungsdichte eines Rotationsflügels ist aus physikalischen Gründen erheblich größer als die eines Starrflügels und damit auch eines flächengleichen Flugdrachens vom Stand der Technik. Die Erfindung betrifft die Lehre über das gestalterische Prinzip eines Fesselflugag-gregates mit Rotationsflügeln, das in seiner Betriebsweise

der eines Arbeitsflugdrachens entspricht. In Fahrt erzeugt der Rotationsflügel Auftriebskräfte nach dem „Autogyro-Prinzip".

Der Rotationsflügel ist erfindungsgemäß in „Box-Wing-Konfiguration" ausgeführt und das Fesselflugaggregat mit Rotationsflügeln ist geeignet, im Zusammenwirken mit einer elektronischen Steuerung vom Stand der Technik, autonom in der bodennahen Luftschicht zu agieren und die dort herrschenden Scherwinde zur Querkrafterzeugung zu nutzen. Die Steuerung von Flugdrachen und Fesselflugaggregaten mit Rotationsflügeln ist nicht Gegenstand der Erfindung.

Erreichbare Vorteile
Das Fesselflugaggregat mit Rotationsflügel in „Box-Wing-Konfiguration" ist ein Sportgerät und dient dem in erster Linie dem Freizeitvergnügen. Da aber das gestalterische Prinzip und auch die Betriebsweise der eines Arbeitsflugdrachens entspricht, kommt dem Freizeitver-gnügen ein informativer und pädagogischer Wert bei. Mit einem Fesselflugaggregat mit Rotationsflügel wird bei geringer Geschwindigkeit ein hoher Betrag an Auftriebskraft erzeugt, was energetisch und wirtschaftlich vorteilhaft ist.

Aufbau und Wirkungsweise.
Das Fesselflugaggregat mit Rotationsflügel wird vom Boden oder von der Wasseroberfläche, respektive einem Kite-Board aus gestartet, gesteuert und in der Weise eines Lenkflug-drachens betrieben. Die Steuerung von Flugdrachen ist nicht Gegenstand der Erfindung.
Das Rotationsflügelsystem (Boxwing-Repeller) F, die Pylonachse P und der Rumpf B mit Leitwerk L bilden eine funktionale, konstruktive und organisatorische Einheit. Der Rumpf trägt die Pylonachse P an deren Ende zum Rotationsflügelsystem hin das Radial-Axial-Lager (Freilauflager) LA angebracht ist. In einer technischen Ausführung sind für das Freilauflager hochwertige Zukaufteile vorzusehen. Der Rumpf nimmt auch eine Anbindung zum bugseitigen Steuerdraht WB und zum heckseitigen Steuerdraht WH auf. Das den Flug stabilisierende Leitwerk L ist symmetrisch und besitzt einen zentralen Griff GM am äußeren Ende. Das Leitwerk ist räumlich und in geeigneter Weise profiliert zu gestalten, dabei aber gerade so leicht, dass sein Volumen das Gesamtsystem schwimmend trägt. Auf die Pylonachse P ist das Lager LA gefügt, so dass das Rotationsflügelsystem F freiläuft. Den prinzipiellen Aufbau des Fesselflugaggregates mit Rotationsflügel klären die schematische Skizze Figur 1 und die Skizze Figur 2. Das Rotationsflügelsystem F ist urformend zu fertigen.

<u>Bezeichnung der Bau- und Funktionsteile</u>
F   Rotationsflügelsystem (Boxwing-Repeller)
B   Rumpf
L   Leitwerk
P   Pylonachse (freilaufend in Radial-Axial-Lager)
LA   Radial-Axial-Lager (Freilauflager)
WB Steuerdraht (bugseitig)
WH Steuerdraht (heckseitig)

Das Fesselflugaggregat mit Rotationsflügel wird vom Boden oder vom Wasser aus gestartet und im Betrieb in der Weise eines Lenkflugdrachens über die Steuerdrähte WH und WB gesteuert. Gestartet wird das Fesselflugaggregat mit Rotationsflügel vorzugsweise „vor" dem Wind; ein Starten „raumschots" oder gegebenenfalls „am Wind" ist möglich. Die Sportlerin befindet sich dabei in Luv und hält (am Griff GM einhändig) das Fesselflugaggregat. Der freilaufende Rotor beginnt schon im unteren Drehzahlbereich einen für den sicheren Start ausreichenden Schub in Richtung der Rotorhauptachse zu entwickeln. Nach Freigabe wird das Spielfluggerät mit Rotationsflügeln über die Steuerdrähte WH und WB gesteuert. Durch fieren der Steuerdrähte (handelsübliche Kite-Produkte Drachenleine vom Stand der Technik) kann die Flughöhe vergrößert werden. Eine geordnete Landung ist durch einholen der Steuerdrähte möglich.

In der Betriebspraxis eines Fesselflugaggregates mit Rotationsflügel ist darauf hinzuweisen, dass offenen Rotationssystemen eine Prinzip bedingte Gefahr innewohnt.

Weiterführende Literatur, Quellenhinweise und Entgegenhaltungen
[1] Prandtl, L., 1924, Induced drag of multiplanes, NACA TN-182.
[2] Kroo, I., 2005, Nonplanar wing concepts for increased aircraft efficiency, VKI Lecture Series on Innovative Configurations and Advanced Advanced Concepts for Future Civil Aircraft, June 6-10, 2005.
[3] Boeing, 2009, Sweeping Changes, Boeing Frontiers, Vol. VII, Iss. X, March 2009.
[4] Hepperle, M., 2008, MDO of Forward Swept Wings, Presentation for the KATnet II Workshop, Braunschweig, Germany, 28-29 Jan, 2008.
[5] Seitz, A. et. al., 2011, The DLR Project LamAiR: Design of a NLF Forward Swept Wing for Short and Medium Range Transport Application, AIAA 2011-3526.
[6] GE36 Systems Engineering and Design, 1987, Full scale Technology Demonstration of a modern counterrotating unducted fan engine concept, NASA CR-180867, NASA Lewis
Research Center, Dec 1987.
[7] Woodward, R. et. al., 1991, Takeoff/ Approach Noise for a Model Counter-rotation Propeller with a Forward Swept Upstream Rotor, NASA TM-105979, AIAA-930596.
[8] Avellán, R. & Lundbladh, A., 2011, Air Propeller Arrangement and Aircraft, International Patent Application WO2011/081577A1, filed on Dec 28, 2009.
[9] Avellán, R. & Lundbladh, A., 2012, Air Propeller Arrangement and Aircraft, US Patent Application US2012/0288474A1, filed on Dec 28, 2009.
[10] Korkan K. D. & Gregorek, G. M., 1980, An Acoustic Sensitivity Study of General Aviation Propellers", AIAA-80-1871.
[11] Jeracki, R.J., & Mitchell G.A., 1981, Low and High Speed Propellers for General Aviation – Performance Potential and Recent Wind Tunnel Test Results, NASA TM-81745.
[12] Hartzell Propellers Inc., URL: http://www.hartzellprop.com, cited on 25 April, 2013.
[13] Truong, A. & Papamoschou, D., 2013, Aeroacoustic Testing of Open Rotors at Very Small Scale, AIAA-2013-0217.

[14] Brandt, J.B. & Selig, M.S., 2011, Propeller Performance Data at Low Reynolds numbers, AIAA-2011-1255.
[15] Mankins, J. C., 1995, Technology Readiness Levels – a white paper, NASA, 6 Apr 1995.
[16 SABIC, 2013, Innovative Plastics LITHWEIGHT+ COMPLIANT Next Generation Solutions for Aircraft Designers, SABIC-PLA-4036-EN.
[17] STRATASYS Ltd., 2012, Objet Materials Data Sheets - VeroGray RGD850.
[18] Boxprop, a forward-swept joined-blade propeller Richard Avellán & Anders Lundbladh
GKN Aerospace Sweden SE-46181 Trollhättan, Sweden
[19]Werner Nachtigall (2002) Bionik. Grundlagen und Beispiele für Ingenieure und Naturwissenschaftler. Springer Berlin Heidelberg New York ISBN 3-540-43660
[20]Rechenberg,-I.: Evolutionsstrategie. Stuttgart, Friedrich Frommann Verlag, 1973.
[21] DE3330899 (A1) 1985-03-14. Arrangmt.for increasing the speed of a gas or liquid flow.
[22]http://www.bionik.tu-berlin.de/institut/s2foshow/show.php?show=BerwSpul
[23]http://www.bionik.tu-berlin.de/institut/xs2foshow/list.html (Aufruf 01042018)
[24]http://www.bionik.tu-berlin.de/ (Aufruf 01042018)
[25] Jakob Jelling: Geschichte des Kitesurfens; Kitesurfingnow.com
[26] Peter Lynn: Kurze Geschichte des Kitesurfens; Aquilandia.com
[27] Samuel Franklin Codys Man-Lifting Kite, www.design-technology.org,
[28] http://www.skywing.de/
[29] Patent DE2933050, strasilla.de

FIGUR 1

FIGUR 2

Ansprüche

1. Fesselflugaggregat mit Rotationsflügel das in seiner Betriebsweise einem Arbeitsflugdrachen vom Stand der Technik entspricht, dadurch gekennzeichnet,

    dass der Rotationsflügel zweiarmig und seine Arbeitstragflächen in einer Box-Wing-Konfiguration ausgeführt sind.

2. Fesselflugaggregat mit Rotationsflügel nach Anspruch 1 dadurch gekennzeichnet,

    dass die vom Rotationsflügel erzeugte Querkraft zur Fortbewegung genutzt werden kann.

3. Fesselflugaggregat mit Rotationsflügel nach Anspruch 1 dadurch gekennzeichnet,

    dass dieses im Zusammenwirken mit einer elektronischen Steuerung vom Stand der Technik autonom in der bodennahen Luftschicht agiert.

BEI GRIN MACHT SICH IHR WISSEN BEZAHLT

- Wir veröffentlichen Ihre Hausarbeit, Bachelor- und Masterarbeit

- Ihr eigenes eBook und Buch - weltweit in allen wichtigen Shops

- Verdienen Sie an jedem Verkauf

Jetzt bei www.GRIN.com hochladen und kostenlos publizieren